Armin Täubner

Sommerzeit

Fenster- und Wandbilder aus Tonkarton

frechverlag

Von dem bekannten Autor Armin Täubner sind im frechverlag zahlreiche andere Titel erschienen. Hier eine Auswahl:

TOPP 1808

TOPP 2142

TOPP 1916

TOPP 1782

TOPP 2094

TOPP 1944

Fotos: frechverlag GmbH + Co. Druck KG, 70499 Stuttgart; Fotos: Birgitt Gutermuth

Auflage:	5.	4.	3.	2.	1.	Letzte Zahlen
Jahr:	2001	2000	1999	98	97	maßgebend

frechverlag GmbH + Co. Druck KG, 70499 Stuttgart

ISBN 3-7724-2195-4 · Best.-Nr. 2195

Druck: frechverlag GmbH + Co. Druck KG, 70499 Stuttgart

Sommerzeit

Die Sommerzeit ist eine herrliche Zeit! Die Welt ist voller Farbe – und auch Ihre Wohnung wartet nur darauf, mit passenden Motiven sommerlich dekoriert zu werden ...

Sie können bei den hier gezeigten Szenen sowohl Regenbogen-Tonkarton als auch den etwas stabileren Regenbogen-Fotokarton verwenden. Denn je nachdem, auf welcher Stelle der Regenbogen-Fläche Sie Ihre Schablone auflegen und daraus das Motivteil ausschneiden, wirkt Ihr Fensterbild immer wieder anders. Und in Kombination mit leuchtend buntem Tonkarton kommen diese wunderschönen Farbverläufe erst recht zur Geltung!

So kann die Sommerzeit auch eine herrliche Fensterbilderzeit werden. Wenn die Schwalben an Ihrem Fenster ihr Nest bauen, wenn die Sonnenblumen ihre schönste Blüte zeigen und das Segelschiff dem Sonnenuntergang entgegenfährt, kommt in Ihrer Wohnung sommerliche Stimmung auf. Denn:

Sommerzeit ist Fensterbilderzeit!

Und so wird's gemacht:

1. Übertragen Sie alle Teile des ausgewählten Motivs ohne Überschneidungen auf Transparentpapier. Das bemalte Transparentpapier wird anschließend auf einen dünnen Karton geklebt.

2. Schneiden Sie die Teile mit einer Schere oder einem Cutter aus, das sind Ihre Schablonen.

3. Legen Sie die Schablonen auf den Regenbogen-Tonkarton oder auf den etwas dickeren Regenbogen-Fotokarton.
Die Umrisse werden mit einem Bleistift nachgezogen.

4. Nun werden die Teile exakt ausgeschnitten.

5. Zum Schluß kleben Sie die ausgeschnittenen Teile zusammen; Foto und Vorlage geben Ihnen dabei Positionierungshilfen.

Damit die Vorder- und die Rückseite Ihres Fensterbildes gleich sind, werden die meisten Teile doppelt ausgeschnitten und in derselben Reihenfolge wie auf der Vorderseite, jedoch spiegelverkehrt, fixiert.

Und noch ein Tip:

Wenn die Augen der Figuren möglichst lebendig aussehen sollen, werden jeweils Lichtpunkte aufgemalt. Dafür benötigen Sie einen weißen Lackstift oder die Relieffarbe COLORPOINT.

Sommerzeit – Schwalbenzeit

Auf die schwarzen Schwalbenkörper kleben Sie zuerst den roten Stirn-Kehl-Fleck, anschließend die weiße Bauchfläche und den schwarzen Flügel.

Die Augen werden zunächst mit einem weißen und nach dem Trocknen mit einem schwarzen COLORPOINT-Stift aufgetupft.

Die Jungvögel, die in einem Stück gearbeitet sind, werden von hinten am Nest fixiert und bekommen aufgemalte Augen.

Der Pfosten, auf dem die dritte Schwalbe sitzt, ist 7 cm breit und kann nach Belieben verlängert werden. Wenn Sie die Ränder des Balkens etwas ungleichmäßig schneiden, wirkt die Szene noch lebendiger.

Schwanensee

Am Kopf des Schwanes bringen Sie zuerst das schwarze Schnabelteil an, und darauf wird das etwas kleinere, orangerote Schnabelteil geklebt. Anschließend befestigen Sie den Flügel. Das Auge malen Sie mit einem Tuschefüller oder einem Filzstift auf. Die Seerosenblüten bestehen jeweils aus drei Teilen:

Auf dem größten Teil (durchgezogene Linie) werden die beiden kleineren Teile (gestrichelte und gepunktete Linien) fixiert.

Wenn der Schwan auf dem Regenbogen-Karton seinen Platz gefunden hat, werden die Seerosenblätter und -blüten arrangiert.

Ein leichter Sommerregen

Kleben Sie den Schirmstock zwischen das blaue (durchgezogene Linie) und das rote Schirmteil (gestrichelte Linie).
Für das Mädchen legen Sie nun das rosa Gesicht (gepunktete Linie) an das gelborange Kleid (durchgezogene Linie).
Anschließend wird zuerst der Ärmel samt Hand und dann das gelbe Haarteil (gestrichelte Linie) aufgeklebt. Die Beine samt Schuhen werden doppelt ausgeschnitten und von hinten leicht versetzt am Kleid befestigt.
Jetzt können Sie dem Mädchen den Schirm in die Hand drücken. Am Hundekörper werden zum Schluß noch Halsband und Ohr befestigt, bevor Sie das Auge und die Nase aufmalen.

Zwei Leckermäuler

Beide Teddybären unterscheiden sich nur hinsichtlich der Anordnung von Vorder- und Hinterbeinen. Die Augen und die Nasen werden entweder aufgemalt oder aufgeklebt. Das Ohr nicht vergessen! Die Zunge ergänzen Sie von vorne, von hinten findet die Waffel mit den drei Eiskugeln in der Bärenhand ihren Platz.

Ein Riesen-Eisbecher

Beginnen Sie am besten mit der Maus im Eisbecher: Am Kopf werden von vorne die weißen Innenflächen der Ohren und die Nase aufgeklebt. Die Augen malen Sie mit einem Tuschefüller oder Filzstift auf. Befestigen Sie den Mäuserumpf (gestrichelte Linie) von hinten an dem Eisbecher. Von vorne können nun die beiden Pfoten und der Kopf angebracht werden. Schneiden Sie anschließend die drei Eiskugeln (Radius 3,5 cm) aus. Sie werden von hinten am Eisbecher bzw. an der Maus befestigt.
Jetzt fehlen noch der mit einem gelben Filzstift bemalte Strohhalm und das mit der Zackenschere ausgeschnittene, zweiteilige Schirmchen.

Bei der zweiten Maus kleben Sie einfach die Ohren und die Nase an. Das Auge und der Mund werden nur aufgemalt.

Ein kühler Leckerbissen

Auf den Regenbogen-Rahmen kleben Sie zuerst die braune Bodenfläche und die beiden Grasbüschel. Dann ist der Hund an der Reihe:
Am Hundekörper befestigen Sie Halsband, Ohr und Zunge. Das Auge und die Nase werden aufgemalt.

An der Eistüte fixieren Sie von hinten zwei runde Kugeln. Die dritte, etwas verformte Kugel wird von vorne angebracht.
Nun können Sie den Hund und die Eistüte am Rahmen befestigen. Abschließend werden als Farbtupfer noch einige Vögel ergänzt.

Sieht das aber lecker aus!

Bei den Kätzchen werden zuerst die Zungen angeklebt und die Gesichter aufgemalt. Die Eiskugel schneiden Sie viermal in verschiedenen Farben aus. Drei Kugeln werden von hinten am Eisbecher befestigt, die vierte wird von vorne angeklebt. Strohhalm und Sahnehäubchen bringen Sie von hinten an.

Im kühlen Naß

Bei den weißen Froschaugen werden die Pupillen entweder aufgemalt oder aufgeklebt. Die Lichtreflexe können Sie mit einem Lackstift oder mit der Relieffarbe COLOR-POINT auftupfen. Kleben Sie die Augen auf den Froschkopf. Dann wird das Gesicht aufgemalt und der Kopf auf dem Rumpf fixiert.

Nun fehlen noch die Seerosen:
Bei der geöffneten Blüte wird auf das größte Blütenteil (durchgezogene Linie) das gestrichelt gezeichnete Teil, dann die gelbe Blütenmitte und zum Schluß das kleinste Teil (gepunktete Linie) geklebt. Die andere Blüte besteht nur aus zwei Teilen.

Arrangieren Sie die Blüten, die Blätter und den Frosch auf der ovalen Regenbogen-Wasserfläche.

Sonnenblumen-Strauß

Beginnen Sie mit dem Anbringen der dreiteiligen Schleife an den Blumenstengeln; es folgen die fünf Blätter.

Zum Schluß ergänzen Sie noch die sechs zweiteiligen Blüten.

Ein Schläfchen im Schatten

Auf den blauen Regenbogen-Rahmen kleben Sie die halbkreisförmige Bodenfläche. Anschließend wird die Glockenblume mit den beiden Blüten befestigt. Darunter legen Sie das schlafende Mäuschen: Der linke Arm und das linke zweiteilige Ohr werden zuvor noch von vorne, das Schwänzchen und das rechte Ohr von hinten ergänzt.

Regenbogen-Landschaft

Schneiden Sie vier Scheiben mit den Radien 9 cm, 10,1 cm, 11,3 cm und 12,5 cm aus Regenbogen-Tonkarton aus. Die Kartonscheiben werden mittig aufeinandergeklebt, dabei liegt die kleinste Scheibe ganz oben.

Nun kann die grüne Landschaft (gestrichelte Linie) samt Gebäuden befestigt werden. Am Regenbogen-Himmel ergänzen Sie abschließend noch die Wolken und die Vögel.

Die Kirschen sind reif

Die Vögel unterscheiden sich nur hinsichtlich der Anordnung der Flügel, die beidseitig am Körper fixiert werden.

Schneiden Sie das Auge aus weißem Karton aus; die schwarzen Pupillen können Sie entweder aufmalen oder ebenfalls ausschneiden, mit dem Lichtfleck bemalen und aufkleben. Den Schnabel nicht vergessen!
Und eines der Vögelchen bekommt noch ein Kirschen-Duo in den Schnabel.

Typisch Sommer!

Auf die blau-violette ovale Öffnung (langgestrichelte Linie) kleben Sie zuerst die Sahnehaube und darauf einige Erdbeeren; drei Beeren ragen dabei über den unteren Rand.
Diese überstehenden Teile werden bündig mit dem Rand abgeschnitten.

Erst jetzt kann die Öffnung samt Sahne und Beeren auf die orange-gelbe Schale geklebt werden.

Bei zwei Erdbeeren werden noch die grünen Kelchblätter angebracht. Eine dieser Beeren krönt die süße Leckerei, die andere wird am Fuß der Schale befestigt. Als zusätzliche Farbtupfer umflattern zwei bunte Falter die Erdbeerschale.

Gepanzerte Sonnenanbeterin

An den Schildkrötenpanzer kleben Sie von hinten zuerst das Beinpaar und dann das Kopf-Schwanz-Teil. Das Auge kann entweder aufgemalt oder ausgeschnitten und aufgeklebt werden.
Der Lichtreflex auf dem Auge wird mit einer Lochzange herausgestanzt oder mit einem weißen Lackstift oder der Relieffarbe COLOR-POINT aufgetupft.
Nun wird die Schildkröte zusammen mit den Blüten auf den Rahmen geklebt.

Die weißen Blüten können Sie auch mit einer Zackenschere ausschneiden.

Bei der Kirschenernte

Schneiden Sie das Blatt sechsmal und die Kirsche samt Stiel viermal aus. Nun werden die Blätter und die Früchte auf dem Rahmen arrangiert.

Das Auge des Eichhörnchens wird entweder aufgemalt oder ausgeschnitten und aufgeklebt. Den Lichtreflex auf dem Auge tupfen Sie mit einem weißen Lackstift oder mit der Relieffarbe COLORPOINT auf.

Am Meer

Auf die weißen Möwenkörper kleben Sie zuerst die graue Flügeldecke und darauf die schwarzen Flügelspitzen. Der Schnabel wird entweder mit Filzstift gelb angemalt oder aus gelbem Karton ausgeschnitten und aufgeklebt. Ergänzen Sie noch das Auge.

Die Möwen können Sie als Paar auf eine Kartonscheibe (z. B. Radius 11,5 cm) kleben oder als Schwarm zusammen mit der Sonne (Radius 5 cm) an Ihrem Fenster gruppieren.

Eine Schwalbe macht noch keinen Sommer

Am schwarzen Schwalbenkörper werden der rote Stirn-Kehl-Fleck sowie die weiße, zweigeteilte Brust-Bauch-Fläche angeklebt. Das Auge wird zuerst mit einem weißen und später – nach dem Trocknen – mit einem schwarzen COLORPOINT-Stift aufgetupft.

Die Schwalben können Sie als Paar auf einem ringförmigen Rahmen (Radius 9 cm und 12 cm) anbringen oder als Schwarm an Ihrem Fenster arrangieren.

Wenn ich doch Flügel hätte

Bei diesem Fensterbild werden Teile von zwei anderen Fensterbildern dieses Buches neu arrangiert. Die Vögel und das Grasbüschel finden Sie im Fensterbild Seite 13 wieder, und die Katze ist auf Seite 14/15 zusammen mit ihrem Gefährten abgebildet. Die Kartonscheibe, auf der diese Elemente hier kombiniert sind, hat einen Radius von 10 cm.

Mit vollen Segeln

Das Segelboot schneiden Sie am besten mit dem Cutter aus und kleben es dann zusammen mit der Sonne und den Möwen auf die blau-violette Kartonscheibe (Radius 10 cm).

Komm doch auch herein

Das Planschbecken besteht aus drei Teilen: Auf das Hauptteil (durchgezogene Linie) werden die beiden anderen Teile geklebt (gestrichelte Linie bzw. Strich-Punkt-Linie).
Beim Mädchen kleben Sie auf den rosa Kopf das gelbe Haarteil und die Schleife.
Nun können Sie die Kleine ins Wasser setzen.

Dem Hund wird zuerst das Halsband angelegt. Dann erhält er sein Ohr. Malen Sie Auge und Nase auf.
Der Hund wird von hinten am Planschbecken befestigt. Von vorne bringen Sie seine beiden Pfoten am Beckenrand an.